Inhalt

Schülerleitfaden Kapitel	Themen		Zu den Übungen Übungen Teil A + B
Zählen	Die Zahlen bis 10	4	→ S. 4
	Anzahlen erfassen	6	→ S. 8
	Oben, unten, links, rechts	7	→ S. 11
Zahlen bis 20	Die Zahlen bis 20 – Das Zwanzigerfeld	8	→ S. 13
	Das Zwanzigerband	10	→ S. 16
	Vor und zurück auf dem Zwanzigerband	11	→ S. 18
Zahlen besser kennenlernen	Zahlen zerlegen	12	→ S. 20
	Euro und Cent	13	→ S. 23
	Mengen vergleichen – Nachbarzahlen	14	→ S. 25
	Ordnen	15	→ S. 27
	Muster	16	→ S. 29
Plusaufgaben	Plusaufgaben	18	→ S. 32
	Plusaufgaben leicht gemacht	19	→ S. 35
	Spiegeln	20	→ S. 37
	Verdoppeln – Nachbaraufgaben	21	→ S. 39
	Verschiedene Rechenwege	22	→ S. 41
	Zuerst bis zur 10 – Rechenmauern	23	→ S. 43
Körper und Flächen	Körper	24	→ S. 45
	Körper und Flächen	25	→ S. 47
Minusaufgaben	Minusaufgaben	26	→ S. 50
	Minusaufgaben leicht gemacht	27	→ S. 52
	Verschiedene Rechenwege	28	→ S. 54
	Zurück bis zur 10	29	→ S. 56
Rechnen im Alltag	Plus und Minus – Aufgabenmuster	30	→ S. 58
	Im Land der Quadrate	31	→ S. 60
	Rechnen mit Geld	32	→ S. 62
	Tabellen	33	→ S. 64
Plus und Minus	Plus mit gleichen Zahlen	34	→ S. 66
	Die Einspluseinstafel	35	→ S. 68
	Umkehraufgaben – Aufgabenfamilien	36	→ S. 71
	Umkehraufgaben – Probe	37	→ S. 73
	Ungleichungen	38	→ S. 75
	Kombinatorik	39	→ S. 77
Vertiefende Aufgaben	Die Uhr	40	→ S. 79
	Zehnerzahlen	42	→ S. 82
	Halbieren	43	→ S. 84
Mehr zum Rechnen im Alltag	Gerade und ungerade Zahlen	44	→ S. 86
	Das Jahr – Die Woche	45	→ S. 88
	Ergänzen – Geschickte Rechenwege	46	→ S. 91
	Sachaufgaben lösen – Ausflug	48	→ S. 95

Die Zahlen bis 10

1

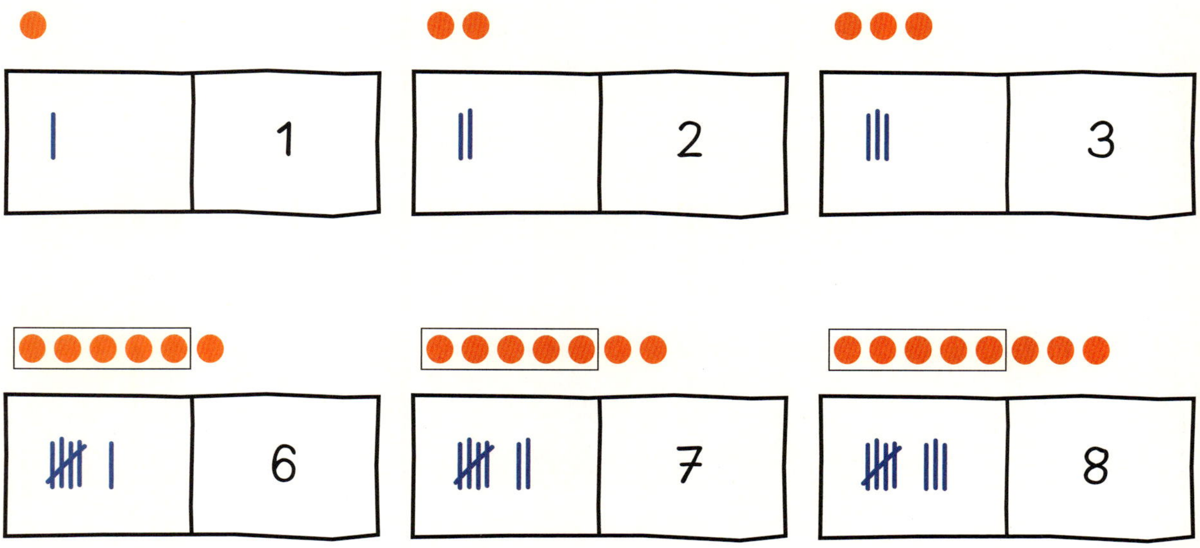

Einstieg: Im Klassenzimmer Repräsentanten für Zahlen suchen und Zahlenkarten zuordnen.
1 Zahlen von 0 bis 10 im Bild entdecken und benennen, Punkt- und Strichdarstellung einführen. Erste Entdeckungen im Heft dokumentieren.

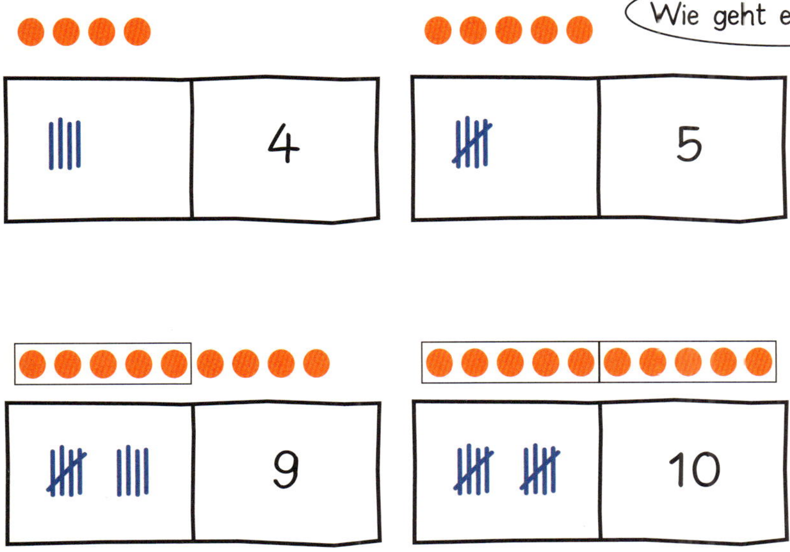

A S.4 →
111 1 S.1 →

Plättchen, Fünfer- und Zehnerstreifen einführen.
Abschließend: Zahlenausstellung gestalten und gemeinsam besprechen.

Anzahlen erfassen

1

2 Wie zählst du?

A S. 8 →

111 1 S. 16 →

S. 1 →

1 Verschiedene Anzahlen dem Bild entnehmen, dabei Mengen sinnvoll zählen.
2 Verschiedene Zählstrategien vergleichen.

Oben, unten, links und rechts

1

2 Oben, Mitte und unten

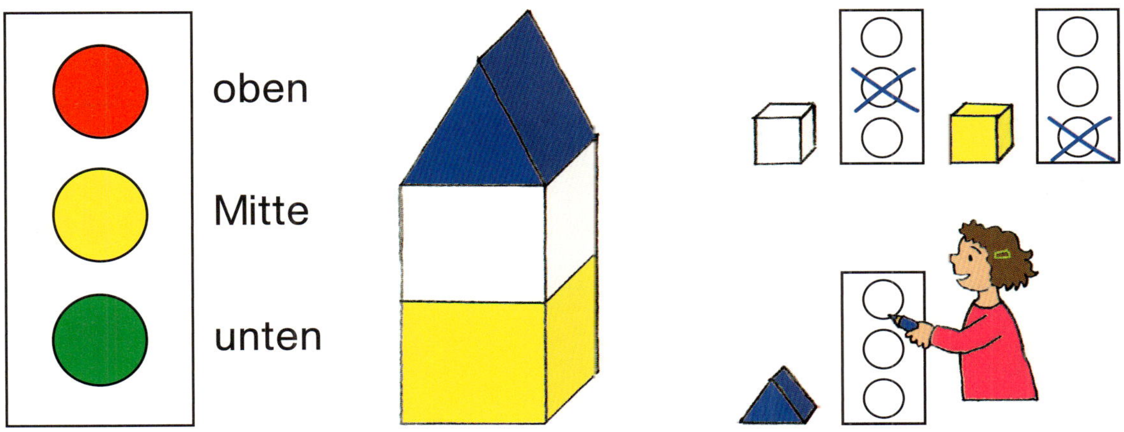

A S. 11 →
S. 26 →
S. 1 →

Einstieg: Lage der Bauklötze beschreiben. Nach Anweisung Gebäude bauen.
1 Lagebeziehungen mit den Begriffen oben, unten, rechts, links und zwischen beschreiben.
2 Oben, Mitte und unten wie bei einer Ampel markieren.

1

Einstieg: Zahlen 11 bis 20 in der Schule finden und notieren.
1 Anzahlen im Bild bestimmen und Zahlen im Zwanzigerfeld legen (Kopiervorlage).

Die Zahlen bis 20 – Das Zwanzigerfeld

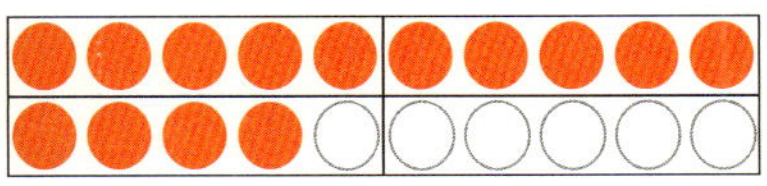

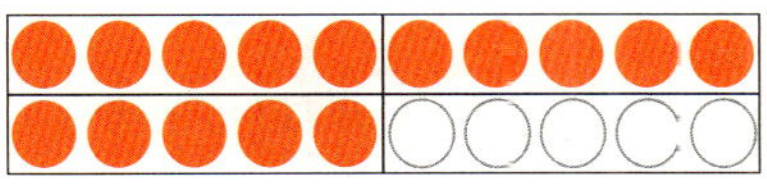

	14		15

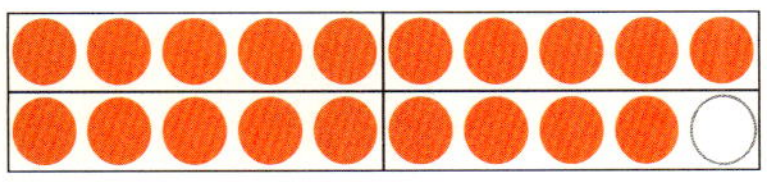

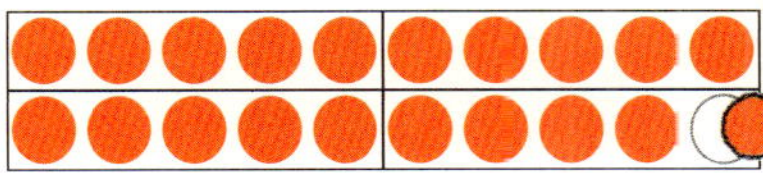

	19		20

A S. 13 →

S. 32 →

S. 3 →

Aufbau des Zwanzigerfeldes kennenlernen und Zahlen des zweiten Zehners mit den Zahlen 1 bis 10 vergleichen.
Abschließend: Alle von den Kindern gefundene Anzahlen gemeinsam besprechen.

Das Zwanzigerband

1

2 Wie weit ist es bis zum blauen Feld?

A → S. 16

→ S. 5

Einstieg: Zahlen von 1 bis 20 mit den Händen zeigen.
1 Zwanzigerband kennenlernen (Kopiervorlage). Auf dem Band abgedeckte Zahlen nennen.
2 Ergänzen zu den Stützzahlen 5, 10, 15 und 20.

Vor und zurück auf dem Zwanzigerband

1

2 Zurück auf dem Zwanzigerband

1	2	3	4	5	6	7	8	9	10	11	12	13	14	15	16	17	18	19	20

A
S. 18

Einstieg: Durch Bewegungsspiel Einer-, Zweier-, Fünfer- und Zehnersprünge auf der Zwanzigerreihe erfahren.
1 Reihen vorwärts (Kopiervorlage). **2** Reihen rückwärts.

Zahlen zerlegen

1

2 + 3

2 plus 3

2 Finde alle Zerlegungen.

A S. 20 →

Zerlege ebenso: 6 7 8 9

Einstieg: Zahlen bis 10 mit Hilfe von Schüttelkästen zerlegen. **1** Zerlegungen der Zahlen bis 10.
2 Systematisch alle Zerlegungen einer Zahl finden und in Zahlenhäuser eintragen (Kopiervorlage).
Die Zerlegungen der 10 müssen besonders geübt werden (Kopiervorlage).

1

A S. 23 →

2 Finde verschiedene Zerlegungen.

A S. 24 →
S. 6 →

Einstieg: Bankspiel: Verschiedene Geldbeträge mit Rechengeld wechseln.
1 Euromünzen und -scheine bis 20 Euro kennenlernen und in Sachsituationen damit umgehen lernen.
2 Geldbeträge zerlegen (Kopiervorlage), dabei alle Centmünzen kennen lernen.

Mengen vergleichen – Nachbarzahlen

1

A S. 25 →

$2 < 3$	$3 = 3$	$3 > 1$
2 ist kleiner als 3	3 ist gleich 3	3 ist größer als 1

2

1	2	3	4	5	6	7	8	9	10	11	12	13	14	15	16	17	18	19	20

V		N
1	2	3
6	7	8
12	13	14

A S. 26 →

Einstieg: Mengen mit den Begriffen „mehr als", „weniger als" und „gleich viel" vergleichen.
1 Relationszeichen <, =, > einführen.
2 Erkennen, dass jede Zahl zwischen zwei Nachbarzahlen liegt (Kopiervorlage).

1

2

1.	2.	3.
Erster	Zweiter	Dritter

3

A S. 27 →

Einstieg: Gegenstände aus dem Klassenzimmer nach verschiedenen Merkmalen ordnen.
1 Begriffe „länger als“, „kürzer als“ und „genauso lang“ verwenden
2, 3 Reihenfolgen mit Ordnungszahlen beschreiben.

Muster

1

2 Lege.

A S. 29 →

S. 7 →

Einstieg: Aus quadratischen Zetteln Dreiecke ausschneiden. Mit Quadraten und Dreiecken Bandornamente oder mit je einer Form Flächen. Fachausdrücke Quadrat und Dreieck verwenden.
1 Muster beschreiben. **2** Muster nachlegen.

1

2 Welche Figur ist größer?

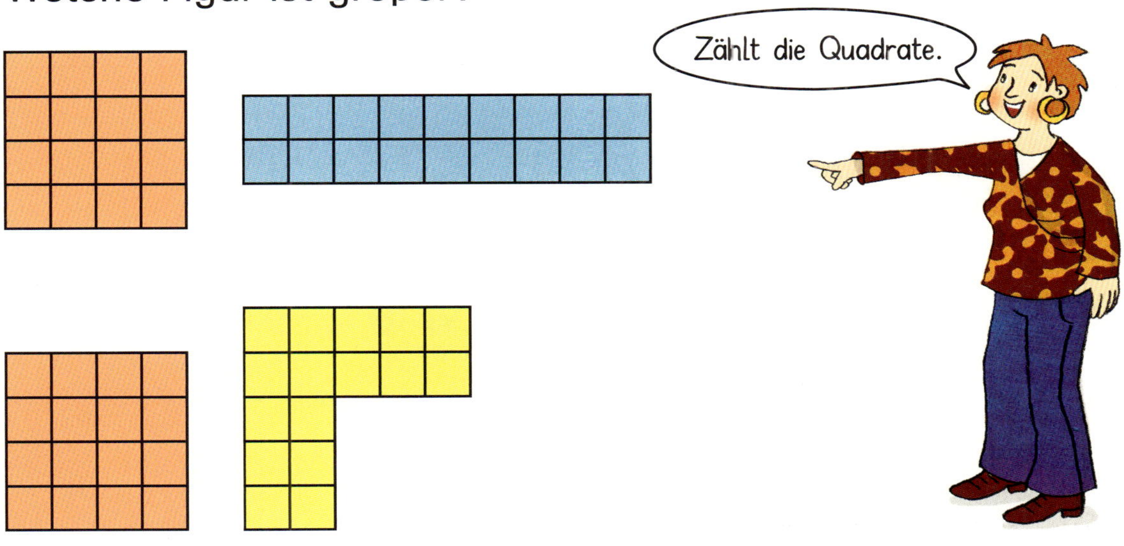

A S. 31 →
S. 10 →
S. 8 →

1 Flächen mit Quadraten und Dreiecken (halbierten Quadraten) auslegen, Quadrate bzw. Dreiecke zählen. Über Entdeckungen an gleich großen Flächen austauschen.
2 Anzahl der Quadrate ermitteln, Größe der Flächen vergleichen.

1

4 + 3 = 7

4 plus 3 ist gleich 7

2

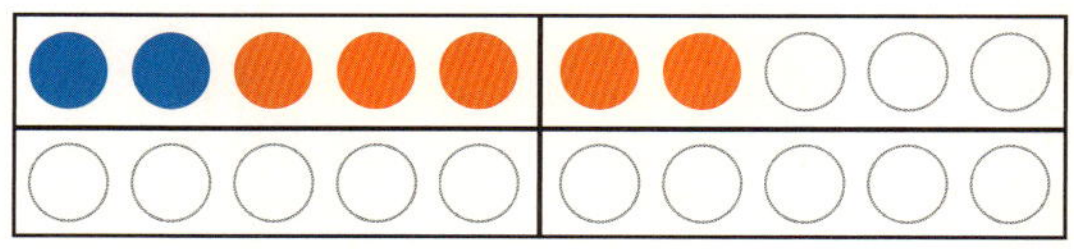

2 + 5 = ▢

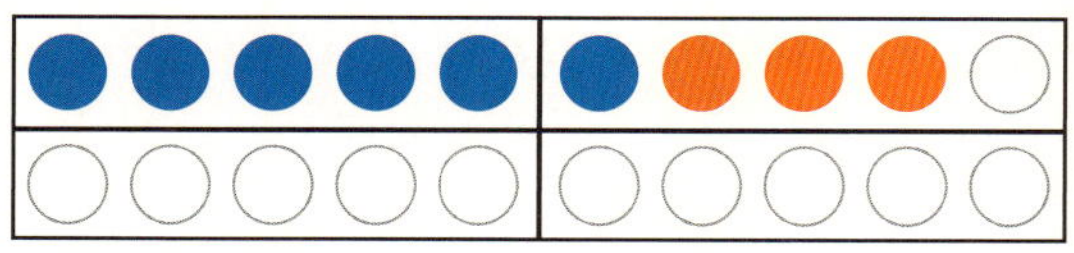

6 + 3 = ▢

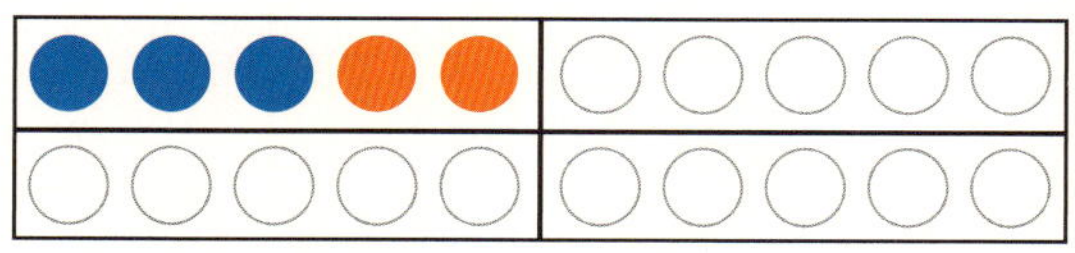

3 + 2 = ▢

A S. 32 →

Einstieg: Rechengeschichten erzählen, Begriffe wie „zusammenfassen" und „hinzufügen" als Addition interpretieren. **1** Plusaufgaben finden, Schreib- und Sprechweise zu Gleichungen einführen. **2** Aufgaben mit Plättchen nachlegen. Geschichten zu Plusaufgaben erzählen.

Plusaufgaben leicht gemacht

1

2 + 3 = 5

3 + 2 = 5

Tauschaufgaben haben dasselbe Ergebnis.

A S. 35 →

2 Rechne zuerst die leichte Aufgabe.

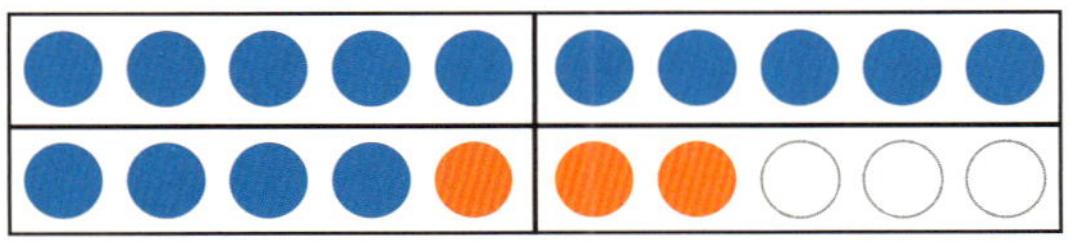

Rechne genauso:

12 + 3 14 + 5 11 + 7 13 + 6

3

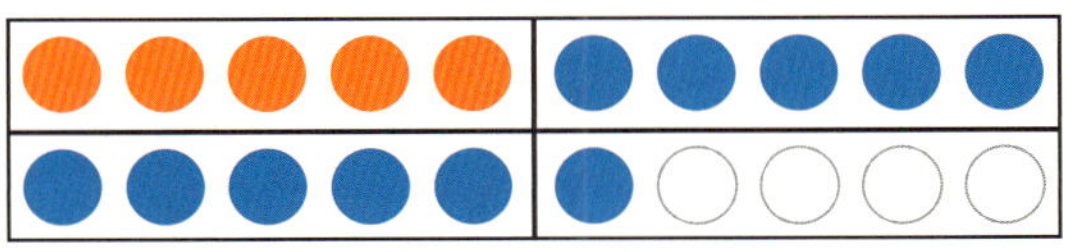

5 + 11 = ▢

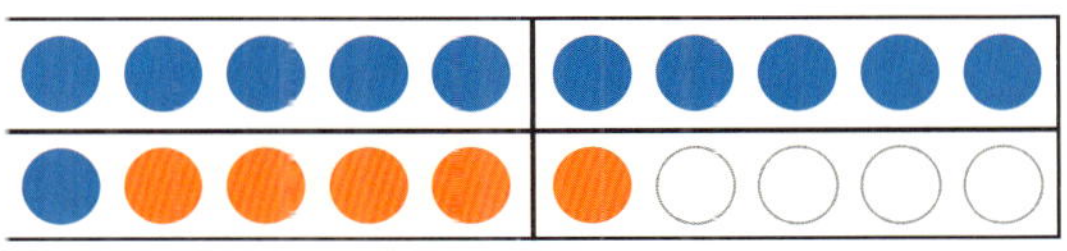

11 + 5 = ▢

Welche Aufgabe fällt dir leichter?

A S. 36 →

S. 10 →

Einstieg: Tauschaufgabe im Klassenzimmer nachstellen.
1 Bild besprechen, Tauschaufgabe einführen. **2** Analogieaufgaben einführen, Vereinfachungen beschreiben. **3** Tauschaufgaben als Rechenhilfe nutzen.

Spiegeln

1

A S. 37 →

2

S. 16 →

Einstieg: Klecksbilder herstellen.
1 Klecksbilder vergleichen, Symmetrien beschreiben, mit dem Spiegel kontrollieren.
2 Ausstellung spiegelsymmetrischer Gegenstände und Bilder, Vorstellung der Exponate.

Verdoppeln – Nachbaraufgaben

1

3 + 3 = 6

Das Doppelte von 3 ist 6.

A S. 39 →

2 Nachbaraufgaben

5 + 6

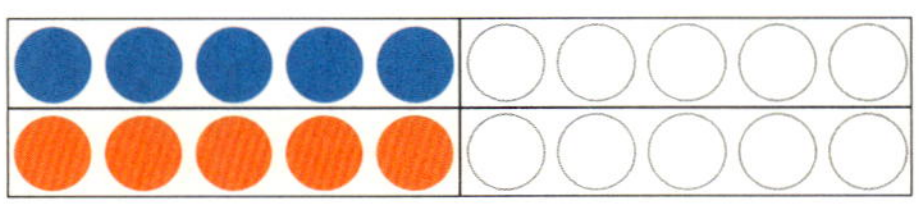

5 + 5 = 10

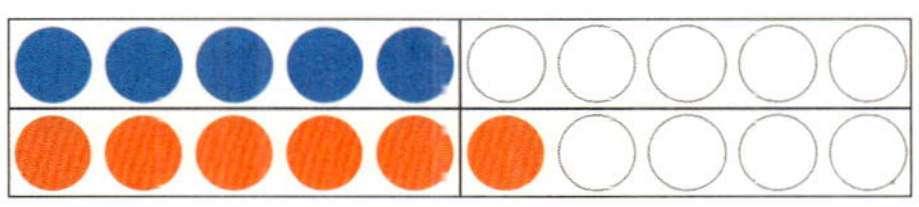

5 + 5 + 1 =

A S. 40 →

Suche auch Nachbaraufgaben von:

4 + 5   7 + 8   4 + 3   6 + 5

S. 13 →

Verschiedene Rechenwege

1

2 Welche Aufgabe passt dazu?

A S. 41 →

Einstieg: Verschiedene Rechenwege zu einer schwierigen Aufgabe finden, dazu selbst Material auswählen. Rechenkonferenz. Rechenwege dokumentieren.

1 Über dargestellte Rechenwege sprechen. Weitere Aufgaben lösen. **2** Aufgabenstellungen nennen.

Zuerst bis zur 10 – Rechenmauern

1

A S. 43 →

2

A S. 44 →
S. 14 →

1 Strategie „Zuerst bis zur 10“ kennenlernen.
2 Struktur von Rechenmauern erkennen und fortsetzen.

1

A S. 45 →

2 Baue und zähle.

A S. 46 →

S. 21 →

Einstieg: Gegenstände und Bilder von Gegenständen nach Kriterien der Schüler ordnen, Eigenschaften beschreiben. **1** Nach Eigenschaften „kann kippen“ und „kann rollen“ ordnen. Begriffe Kugel, Quader und Würfel einführen (Würfel sind spezielle Quader). Massivmodelle basteln. **2** Würfelgebäude nachbauen. Geschickt zählen.

1

- Kreis
- Dreieck
- Viereck
- Rechteck
- Quadrat

2 Ausstellung

A
S. 47 →

1 Umrisse von Körpern als Grundfläche zeichnen und Unterschied von Körper und ebenen Grundformen erfahren. Begriffe zu Flächen einführen (Rechtecke sind spezielle Vierecke und Quadrate sind spezielle Rechtecke). **2** Unterschied von Körper und Fläche darstellen und ausstellen.

1

6 − 2 = 4

6 minus 2 ist gleich 4

2

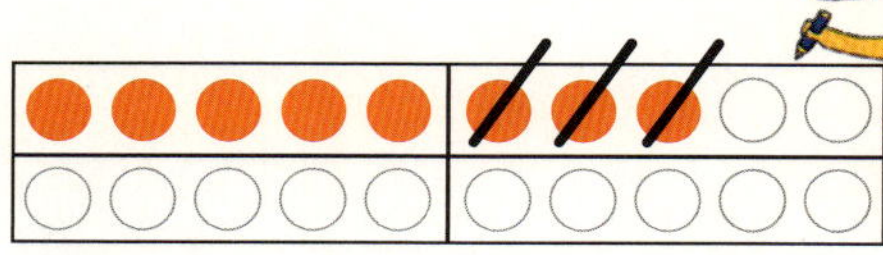

8 − 3 = ▢

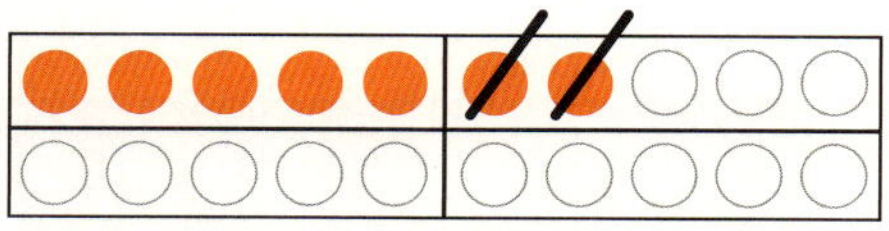

7 − 2 = ▢

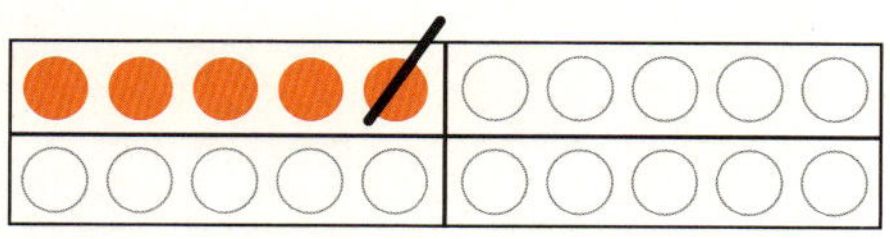

5 − 1 = ▢

B → S. 50

Einstieg: Ablauf nachspielen oder mit Spielfiguren nachstellen.
1 Minusaufgaben finden, Schreib- und Sprechweise einführen.
2 Aufgaben mit Plättchen nachlegen, Gleichungen aufstellen. Geschichten zu Minusaufgaben erzählen.

1

B S. 52 →

2 Nachbaraufgaben

16 − 7

16 − 6 = ▢

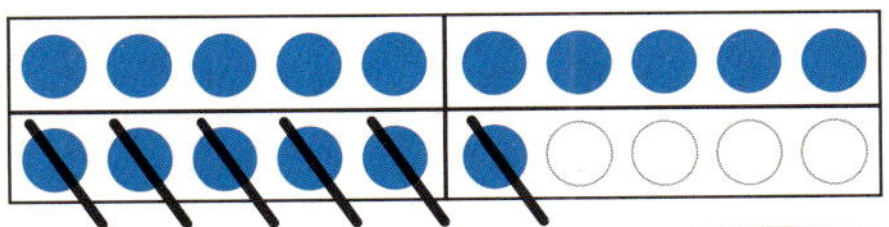

16 − 8 = ▢

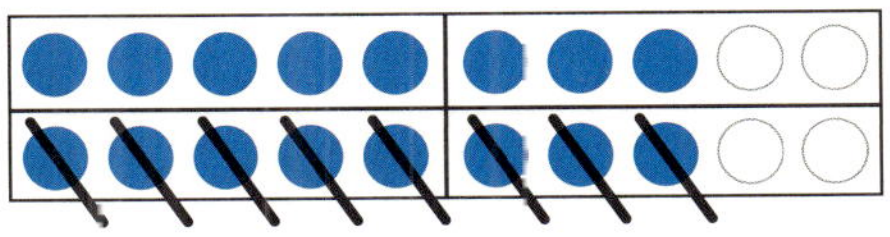

B S. 53 →

Suche auch Nachbaraufgaben von:

8 − 3   10 − 8   9 − 5   12 − 3   17 − 9

S. 16 →

Einstieg: Analogieaufgaben nutzen, um schwierige Aufgaben zu vereinfachen.
1 Analogieaufgaben legen, rechnen und erklären.
2 Zu einer Aufgabe Nachbaraufgaben legen und rechnen. Ergebnisse vergleichen.

Verschiedene Rechenwege

1

2 Welche Aufgabe passt dazu?

B S. 54 →

Einstieg: Verschiedene Rechenwege zu einer schwierigen Aufgabe finden, dazu selbst Material auswählen. Rechenwege dokumentieren. Rechenkonferenz. **1** Über dargestellte Rechenwege sprechen. Weitere Aufgaben lösen. **2** Aufgabenstellungen finden.